AF233524

NOTE

SUR LA

CRÉATION DE L'INSTITUT.

PARIS

IMPRIMERIE DE E. DUVERGER,

RUE DE VERNEUIL, N° 4.

AOUT 1840.

NOTE

SUR LA

CRÉATION DE L'INSTITUT.

Il est permis de s'étonner que, lorsqu'à peine quarante-cinq ans se sont écoulés depuis la création d'un grand établissement national, il règne déjà de l'obscurité sur les circonstances qui ont présidé à son origine ; que, par exemple, l'histoire de la fondation de l'Institut soit à tel point inconnue, même de la plupart de ceux qui ont l'honneur de lui appartenir aujourd'hui, qu'il y ait nécessité de rappeler des lois et des faits authentiques pour rendre aux hommes qui ont eu le mérite de contribuer à son organisation la justice qui leur est due.

C'est ce que nous allons faire en peu de mots, *dans le seul intérêt de la vérité.*

4

La Révolution, qui avait détruit la presque totalité des anciennes institutions, n'avait pas épargné les Académies; une loi du 8 août 1793 en avait prononcé la suppression.

Toutefois, des hommes d'un mérite éminent, qui avaient joué un grand rôle dans nos deux premières assemblées, avaient pensé que, si les anciennes Académies n'avaient eu que peu d'influence sur les développements de l'esprit humain, il serait possible d'arriver plus efficacement à ce grand résultat, en couronnant le vaste édifice d'instruction publique que l'on se proposait d'élever, par un *Institut national* qui réunirait en un seul faisceau les plus dignes représentants des sciences, des lettres et des arts. Cette idée philosophique et sociale avait été développée par Talleyrand, devant l'Assemblée constituante, dans son mémorable Rapport sur l'instruction publique[1], et par Condorcet, devant l'Assemblée législative, dans un autre rapport sur le même sujet.

Mais si jusqu'alors le cours orageux de la Révolution avait été assez fort pour détruire, rien encore n'avait été édifié.

Tel était l'état des choses lors de la chute du règne affreux de la Terreur.

La Convention, rendue à la modération par sa victoire sur les tyrans qui l'avaient trop longtemps asser-

---

[1] La rédaction de ce rapport est généralement attribuée à Chamfort.

vie, entreprit de donner à la France une constitution qui offrirait tout à la fois des gages d'ordre et de liberté.

Pour accomplir cette tâche aussi honorable que difficile, une commission de onze membres fut nommée; ces onze membres étaient : Baudin (des Ardennes), Berlier, Boissy-d'Anglas, Creuzé-Latouche, Daunou, Durand de Maillane, Lanjuinais, Lesage (d'Eure-et-Loir), Louvet, La Révellière-Lépaux et Thibaudeau[1].

Parmi ces onze membres, Daunou, on le contesterait difficilement, était celui qui avait le plus de goût pour la philosophie et pour les lettres. Comme littérateur il était déjà connu par un excellent morceau sur Boileau, et ses travaux sur la *Constitution*, imprimés par ordre de la Convention, l'avaient placé, comme publiciste, très haut dans l'estime de ses collègues. Aussi fut-il nommé rapporteur de la commission des Onze, et chargé de soutenir le poids de la discussion du projet de constitution dans le sein de l'Assemblée.

Ce fut lui, nous osons l'affirmer, qui proposa à la commission de créer l'*Institut national* et de lui donner une existence pleine de grandeur et de force en insérant sa création, dans l'acte constitutionnel, im-

(1) « Boissy-d'Anglas, Daunou et Lanjuinais, NOMS QU'ON RETROUVE TOUJOURS QUAND UN RAYON DE LIBERTÉ LUIT SUR LA FRANCE, étaient membres du Comité de constitution. » Madame de Staël, *Considérations sur la Révolution française*, t. II, p. 151 de l'édition in-12.

médiatement après celle des grands pouvoirs de l'État.

Ses idées à cet égard furent partagées par ses collègues, et l'*Institut national* fut établi par l'article 298 de la Constitution du 5 *fructidor an* III [1].

Mais il fallait développer le germe déposé dans la Constitution. Là encore nous retrouvons Daunou. Auteur et rapporteur de la grande loi du 3 brumaire an IV, sur l'instruction publique, préparée par la commission des Onze et par le Comité de Salut public, il fit son rapport dans la séance du 23 vendémiaire, et, après avoir rendu à Talleyrand et à Condorcet la part qui leur était due dans la pensée qui avait présidé à la formation de l'Institut, il faisait connaître tout ce que la patrie devait attendre de ce grand établissement. Douze articles de cette loi sont consacrés à l'organisation de l'Institut; aussi est-il vrai de déclarer, comme l'a fait M. Rossi, que la loi du 3 brumaire an IV est la *première charte de l'Institut* [2].

(1) M. Daunou attachait tant d'importance à consacrer le principe de l'Institut par la Constitution que, dans celle de l'an VIII, dont nous avons en ce moment sous les yeux la minute écrite de sa main (il fut, comme on sait, secrétaire de la commission de gouvernement qui la rédigea), il fit également comprendre l'existence de ce grand corps littéraire (art. 88). Il avait aussi créé un Institut pour la république romaine, dans la Constitution qu'il fut chargé de faire pour cette république, en 1798.

(2) Discours prononcé par M. Rossi, président de l'*Académie des Sciences morales et politiques*, dans la séance publique annuelle de cette académie, du 27 juin 1840, p. 3.

L'Institut une fois établi par le législateur, nous allons voir que le pouvoir exécutif apporta tout l'empressement possible à le mettre en activité.

C'est le 3 brumaire que la loi est adoptée : aux termes d'un article de cette loi, le Directoire doit nommer les quarante-huit premiers membres, qui ensuite éliront les quatre-vingt-seize autres.

Il paraît néanmoins que la Convention voulut elle-même, avant de se séparer, indiquer les membres de l'Institut que le Directoire aurait à choisir pour former le tiers-électeur, et son comité d'instruction publique dressa cette liste. C'est pour la première fois, en cette occasion, que nous voyons M. Lakanal s'occuper officiellement de l'Institut ; il fut chargé de présenter à la Convention la liste ainsi préparée. Toutefois le 29 du même mois de brumaire le Directoire exécutif prend un arrêté portant composition de l'Institut ; il ne se croit pas enchaîné par la liste du comité d'instruction publique, et il apporte d'assez notables changements aux noms qui figurent sur cette liste.

Le 6 frimaire, le ministre de l'Intérieur, Bénezech, écrit la lettre suivante à Daunou :

« Conformément à l'article 9 du titre IV de la loi du 3 brumaire, le Directoire exécutif, citoyen, a procédé, pour la formation de l'Institut national, au choix des quarante-huit membres qui doivent ensuite se réunir pour compléter le nombre fixé par cette loi. Vos lumières et vos talents vous ont mérité ses suffrages, et il vous a placé dans la classe (section) de la *Science sociale*[1]. Je m'empresse de vous faire part d'une nomination à laquelle vous aviez un droit si légitime.

« Vous êtes invité, citoyen, à vous réunir à vos collègues, le 15 du courant, au Muséum des Arts, dans la salle de la ci-devant Académie des Sciences, à cinq heures du soir, afin de concourir aux élections nécessaires pour achever l'organisation de l'Institut.

« Salut et fraternité.

« BÉNÉZECH. »

Le 15 frimaire, en effet, les quarante-huit membres nommés par le Directoire, et formant le noyau de l'Institut, se réunirent sous la présidence de Daubenton, doyen d'âge. Ils furent installés par le ministre de l'Intérieur, accompagné de Ginguené, directeur général de l'Instruction publique.

Une seconde séance eut lieu le 30 frimaire, et on commença à procéder à l'élection des quatre-vingt-seize membres qui devaient compléter ce grand corps. Ces élections se continuèrent dans des séances successives.

Remarquons que jusqu'ici il a été peu question de

(1) Daunou avait été placé dans la section de l'*Analyse des sensations et des idées*, sur la liste présentée par M. Lakanal à la Convention. Il est mort le dernier des quarante-huit membres qui composaient le premier tiers. Depuis sa mort, il ne reste plus que quatre membres de la première organisation : MM. Cassini, le duc de Cessac, Pastoret et Lakanal.

M. Lakanal, qui revendique aujourd'hui une grande part dans la création de l'Institut. Il ne faisait pas partie de la commission des Onze; il n'avait pas pris la parole à la Convention à l'occasion de la loi du 3 brumaire; il n'avait point été placé, ni par le comité d'Instruction publique ni par le Directoire, au nombre des quarante-huit membres qui devaient composer le tiers-électeur.

La seconde classe de l'Institut avait une section de *morale* composée de six membres; les deux membres de cette section, choisis par le Directoire, étaient Bernardin de Saint-Pierre et Mercier. Quatre restaient à nommer; M. Lakanal fut élu après Grégoire et La Révellière-Lépaux; Négeon le fut après lui, en sorte qu'il figura comme cinquième membre de la section de morale, dans le premier tableau de l'Institut.

L'organisation du personnel ainsi terminée, il fallut s'occuper des règlements. Aux termes de l'article 12 du titre IV de la loi du 3 brumaire, les règlements relatifs à la tenue des séances et aux travaux de l'Institut devaient être arrêtés par l'Institut lui-même et approuvés par le Directoire, qui était autorisé à y faire toutes les modifications qu'il jugerait convenables.

Le 22 nivôse, en effet, la première séance de l'Institut *complet* a lieu. Chacune des trois classes nomme quatre membres qui, réunis, doivent composer la commission des règlements. La deuxième classe, celle des *Sciences morales et politiques*, élit Daunou *le premier* de ses commissaires pour rédiger les règlements. Les trois autres, nommés par la même classe, furent Sieyès, Delisle-Desales et Grégoire.

Les règlements préparés par la Commission et approuvés par l'Institut entier furent soumis, non-seulement à la sanction du Directoire, mais encore à celle du pouvoir législatif. Ce fut M. Lakanal qui fut chargé de faire le rapport de la loi homologuant ces règlements au Conseil des Cinq-Cents, dans la séance du 21 pluviôse. M. Muraire fit un rapport sur le même objet au Conseil des Anciens.

Le 15 germinal intervint la loi qui, après avoir subi ces formalités, sanctionna définitivement les règlements de l'Institut.

Maintenant que ces faits *incontestables* sont connus, n'est-il pas curieux de voir M. Lakanal s'écrier, dans son *Suum cuique* (p. 4) : « Je parvins à faire nommer une Commission chargée de présenter, sous forme de règlement, la véritable loi organique de l'Institut?... »

Il semble que ce soit
Un sergent de bataille allant en chaque endroit
Faire avancer ses gens et hâter la victoire.

Résumons cependant les dates que nous venons d'indiquer.

La première loi organisant l'Institut est celle du 3 *brumaire* an IV (25 octobre 1795), avant-dernier jour de la Convention.

29 *brumaire* (20 novembre), arrêté du Directoire qui met à exécution la loi du 3 du même mois.

6 *frimaire* (27 novembre), le Directoire fait annoncer qu'il a nommé le tiers-électeur.

15 frimaire (6 décembre), première séance du tiers-électeur.

30 frimaire — 22 nivôse (21 décembre 1795 — 12 janvier 1796), élections des quatre-vingt-seize membres qui complétaient l'Institut.

22 nivôse — 15 germinal (12 janvier — 4 avril 1796), nomination de la Commission des règlements, rédaction et adoption de ces règlements, leur approbation par les deux Conseils, leur promulgation. Ainsi, du 3 brumaire au 15 germinal (25 octobre 1795 au 4 avril 1796), il n'y a guère plus de cinq mois, et toutes ces formalités ont été remplies. Demandons-nous si aujourd'hui les choses marcheraient aussi rapidement et si M. Lakanal pratique bien la maxime *suum cuique* à l'égard du Directoire et du ministre Benezech lorsqu'il leur reproche tant d'apathie et de froideur dans cette affaire.

La première séance publique de l'Institut a lieu le 15 germinal an IV; c'est devant le Directoire exécutif, les ministres, le corps diplomatique, l'élite de la société française, que cette grande solennité d'inauguration va se tenir. Un orateur sera chargé par l'Institut de développer son programme devant cette assemblée d'élite. Est-ce M. Lakanal qui va être choisi pour remplir cette grande mission?... Non; c'est M. Daunou [1].

Apparemment que les membres qui composaient alors l'Institut, et parmi ces membres étaient Lagrange, La Place, Lalande, Monge, Darcet, Fourcroy,

(1) Une femme d'esprit, madame Sophie Gay, qui, dans un de ses ouvrages donne des détails sur cette première séance de l'Institut, parle en ces termes du discours de M. Daunou : «Daunou a pris ensuite la parole; il remplissait en quelque sorte dans cette occasion le rôle de l'orateur de l'Institut. C'est en son nom qu'il a caractérisé avec précision la nature de ce bel établissement, les fonctions des diverses classes qui le composent, l'esprit qui doit l'animer, les travaux qu'il doit se prescrire, et le genre d'appui qu'il doit trouver en retour dans un gouvernement ami des lettres. L'art de penser et d'écrire, d'enchaîner les idées avec ordre et de les exprimer avec élégance, force et clarté, ont brillé dans ce discours plein de dignité, de philosophie et d'éloquence.» (*Les Malheurs d'un amant heureux*, t. I, p. 276.) — Ce discours de M. Daunou a été inséré dans le *Moniteur* du 23 germinal.

M. Daunou a encore servi d'organe à l'Institut lorsqu'il a été chargé de prononcer l'éloge funèbre de Hoche, dans la solennité du 10 vendémiaire an VI. Enfin on connaît sa célèbre réponse, comme président du Conseil des Cinq-Cents, à une députation de l'Institut venant rendre compte de ses travaux. «C'est l'instruction qui rend libres les peuples qui sont opprimés; mais c'est encore elle qui doit rendre justes, forts et heureux, ceux qui sont libres. Il faut le dire, durant ces premières années de la liberté française, la reconnaissance nationale s'attachera spécialement à ce que vous ferez pour la renaissance de l'éducation, pour la culture des jeunes élèves de la patrie, pour le perfectionnement des livres élémentaires, pour la régénération des mœurs, en un mot, pour la propagation des idées et des sentiments qui conviennent le plus à des hommes libres. Il n'y a point de philosophie sans patriotisme et de génie sans une âme républicaine!»

Haüy, Daubenton, Cuvier, Lacépède, Portal, Garat, Bernardin de Saint-Pierre, Cambacérès, Volney, Talleyrand, Merlin, Sieyès, Pastoret, Larcher, Lebrun, Chénier, Andrieux, Delille, Ducis, Fontanes, David, Houdon, Grétry, Méhul, Molé, etc.; ont pensé que M. Daunou avait plus de titres qu'un autre, par sa participation immédiate et directe à la création de ce grand et illustre corps, pour parler en son nom au jour de son inauguration publique. Pourquoi faut-il qu'aujourd'hui ces titres paraissent oubliés?... Pourquoi? Eh! mon Dieu! le voici :

M. Daunou était un homme fort modeste, ne parlant que rarement des autres, jamais de lui. De pareils hommes, qui s'effacent avec autant de soin que d'autres apportent à se produire, risquent beaucoup de voir leurs services méconnus, et le public trop léger se montrer peu soucieux à leur égard de mettre en pratique la vieille et bonne maxime *suum cuique*[1].

UN AMI DE LA VÉRITÉ.

(1) M. Lakanal a énuméré avec soin dans la brochure intitulée, *Exposé sommaire des travaux de J. Lakanal* (in-8°, 1838), et dans celle à laquelle nous venons de répondre, et qu'il a intitulée *Suum cuique*, les services qu'il a rendus aux lettres pendant la Révolution. Voici quelques-uns de ceux de M. Daunou. Nous pouvons affirmer qu'il ne lui serait jamais venu dans la pensée de les rappeler lui-même.

Rapport fait à la Convention, dans sa séance du 13 germinal an III, sur l'*Esquisse d'un tableau historique des progrès de l'esprit humain,* par Condorcet.

Rapport sur les récompenses à distribuer aux savants et aux artistes, dans la séance du 27 germinal an III. — On ne croyait pas alors que les savants, artistes et hommes de lettres, dussent être récompensés sur les *fonds secrets.* Barthélemy (auteur d'*Anacharsis*), Brunck, Deparcieux, Dotteville, Parmentier, Préville, Sedaine, Vien, de Wailly, Gail, Millin, Silvestre de Sacy, ne rougissaient pas d'accepter de la représentation nationale la juste rémunération de la gloire que leurs talents répandaient sur la patrie.

Rapport fait à la Convention, le   floréal an III, sur la clôture des cours de l'École Normale.

Rapport sur l'instruction publique, présenté au nom de la commission des Onze et du Comité de Salut public, dans la séance de la Convention du 23 vendémiaire an IV.

Rapport fait le 3 pluviôse an IV sur l'établissement d'une bibliothèque à l'usage du Corps législatif.

Rapport au Conseil des Cinq-Cents, sur l'organisation des écoles spéciales, le 25 floréal an V.

Discours au Conseil des Cinq-Cents, dans la séance du 29 brumaire an VII, sur la *Traduction de Tacite,* par Dotteville.

Discours au même Conseil, dans la séance du 19 ventôse an VII, sur l'*Abrégé de l'histoire de la Grèce.*

Rapport fait à la Chambre des Députés, dans la séance du 22 décembre 1831, sur le projet de loi relatif à l'instruction primaire.

Plusieurs Discours et Rapports faits, tant au Conseil des Cinq-Cents qu'à la Chambre des Députés en faveur de la liberté de la presse.

Il ne s'agit là que des travaux parlementaires de Daunou relatifs aux lettres, et non des services éminents qu'il leur a rendus comme administrateur de la Bibliothèque du Panthéon, garde général des Archives, membre de l'Institut, professeur d'histoire au collége de France, éditeur du *Journal des Savants* pendant vingt-deux ans, etc.

M. Lakanal dira que, lorsque les travaux parlementaires que

nous venons de rappeler ont été faits, il n'y avait *ni dangers à braver ni degoûts à vaincre* (pag. 2). Nous en convenons; mais il y avait du danger à protester contre les effroyables journées du 31 mai et du 2 juin, et à prononcer le vote suivant à la tribune de la Convention, dans le procès de Louis XVI :

« Les formes judiciaires n'étant pas suivies, ce n'est point par un jugement criminel que la Convention a voulu prononcer; je ne lirai donc pas les pages sanglantes de notre code, PUISQUE VOUS AVEZ ÉCARTÉ TOUTES CELLES OÙ L'HUMANITÉ AVAIT TRACÉ LES FORMES PROTECTRICES DE L'INNOCENCE; je ne prononce donc pas comme juge. Or, il n'est pas de la nature d'une mesure d'administration de s'étendre à la peine capitale. Cette peine serait-elle utile? L'EXPÉRIENCE DES PEUPLES QUI ONT FAIT MOURIR LEUR ROI PROUVE LE CONTRAIRE. Je vote donc pour la déportation et la réclusion provisoire jusqu'à la paix. »

Ce danger, M. Daunou en a senti les effets par treize mois de captivité et par la menace d'une mort inévitable si le 9 thermidor se fût fait attendre plus longtemps.

Ce danger, ne l'a-t-il pas bravé encore lorsqu'il a lutté contre le despotisme naissant de Napoléon; d'abord lors de la discussion de la Constitution de l'an VIII (*voir* Thibaudeau, *Histoire du Consulat*, t. Ier, p. 94-110), et ensuite par son mémorable discours prononcé au Tribunat contre les *tribunaux spéciaux*, discours qui le fit éliminer de cette assemblée et qui l'empêcha d'entrer au Sénat?

9 782014 076806